AF310926

ACADÉMIE DES SCIENCES.

ÉLOGE HISTORIQUE

D'AUBERT-AUBERT DU-PETIT-THOUARS.

Par M. FLOURENS, Secrétaire perpétuel.

Lu à la séance publique annuelle du 10 mars 1845.

PARIS,

TYPOGRAPHIE DE FIRMIN DIDOT FRÈRES,

IMPRIMEURS DE L'INSTITUT, RUE JACOB, 56.

1845.

ÉLOGE HISTORIQUE

D'AUBERT-AUBERT DU-PETIT-THOUARS.

Par M. FLOURENS, Secrétaire perpétuel.

Lu à la séance publique annuelle du 10 mars 1845.

L'homme célèbre, dont j'écris aujourd'hui l'histoire, a marqué sa place dans les sciences par des recherches profondes, et par une théorie neuve et hardie. Il faut lui tenir compte, des travaux qui lui sont propres, des efforts qu'il a fait faire à ses rivaux, de la route qu'il a ouverte à ses successeurs.

Il descendait d'une famille noble, vouée depuis longtemps à la carrière des armes, et qui, joignant à beaucoup de bravoure, beaucoup d'imprévoyance pour l'avenir et d'insouciance pour le présent, put souvent se dire que : « Tout était perdu, sauf l'honneur. »

Aubert Du-Petit-Thouars ne dépouilla jamais cette nature chevaleresque et aventureuse. Il la porta dans les sciences.

1

C'était un héritage patrimonial. Il réunissait, en lui, la loyauté, le courage de ses ancêtres, leur originalité singulière, leur générosité encore plus rare.

Son bisaïeul paternel s'était ruiné à la recherche de la pierre philosophale, et mourut en véritable alchimiste, c'est-à-dire en protestant qu'il était possesseur du grand secret, mais que, trop sage pour ne pas préférer aux richesses la simplicité des mœurs, il se gardait bien de le confier à ses descendants.

Son grand père, après avoir porté les armes avec honneur, obtient, pour retraite, le commandement de Saumur. Il trouve, en arrivant, ce poste provisoirement confié à un militaire d'un grade inférieur au sien ; mais ce militaire est un vieillard, il est mutilé et pauvre. Sur-le-champ, M. Du-Petit-Thouars écrit au ministre qu'il sera satisfait de servir sous les ordres de M. de Cannis, avec promesse de la survivance. En apprenant ce trait de délicatesse, le roi dit : Je lui accorde la survivance et une pension.

Aubert Du-Petit-Thouars naquit au château de Boumois en Anjou, le 5 novembre 1758. Devenu bientôt orphelin, ce fut le noble commandant de Saumur qui lui tint lieu de père. Il fit ses études au collége de la Flèche ; et là il sembla lier toute sa vie à celle de son frère Aristide, Aristide, dont l'esprit vif, le cœur intrépide, annonçaient déjà le héros qui devait, un jour, jeter tant d'éclat sur notre marine.

Enfermés à la Flèche, et s'y ennuyant, nos écoliers se procurent un volume de Robinson : leur imagination enchantée ne leur offre plus, dès lors, que voyages, que découvertes, qu'îles désertes à peupler et à policer. Pour arriver plus promptement à ce but, Aristide, le chef de l'entreprise, s'échappe, résolu de gagner un port de mer, et de s'y enrôler comme mousse. Poursuivi et ramené en fugitif, il subit un véritable emprisonnement, pendant lequel les deux étourdis se consolent en écrivant l'histoire des aventures qu'ils avaient rêvées.

Aubert Du-Petit-Thouars a paru dominé, dès l'âge le plus tendre, par cet esprit d'indépendance qui a décidé de toute sa vie.

Il fit assez mal ses premières études, par cela seul qu'on voulait qu'il fît des études. « Il semblait, a-t-il écrit plus tard, que j'avais une aversion préméditée pour tout ce qu'on me commandait, tandis que je me livrais avec passion à tout genre d'instruction que le hasard me présentait. »

Au sortir de l'École militaire, il fut placé dans un régiment d'infanterie.

Lors de son arrivée au corps, ses manières simples, son air de bonhomie lui attirèrent quelques plaisanteries : on voulait éprouver son courage; il fut longtemps sans le deviner, mais dès qu'il eut compris, il commença par se battre avec le plus ancien de ses camarades, déclarant qu'il entendait bien en faire autant avec chacun des autres. On chercha vainement à l'apaiser; on lui fit des excuses; il ne voulut rien entendre, revenant toujours au projet de se battre avec tout le monde. A la fin, ne trouvant plus d'adversaires, et

ne voyant que des amis, il fallut bien qu'il se tînt pour satisfait.

Dès qu'il ne sentit plus de contrainte, son esprit actif et
facile se tourna de lui-même vers les sciences. Je trouve,
dans une de ses lettres, ces mots : « N'éprouvant plus la
contrariété d'être enseigné, je fis de rapides progrès. » Il
s'appliqua, d'abord, aux mathématiques, avec succès. Mais
il avait toujours aimé l'étude de la nature.

Lorsque, encore écolier, il revenait, selon son expression ,
au *colombier chéri,* les vacances se passaient en courses libres
et rêveuses ; plus tard il ne vint en semestre ou ne rejoignit
sa garnison qu'en herborisant. Une science qui appelait l'indépendance et permettait l'enthousiasme, devint bientôt
pour lui une passion : peut-être le charme s'augmentait-il
des difficultés qu'y mettait le service militaire.

Étant en garnison à Lille, il se fit recevoir membre d'une
société d'histoire naturelle; et ce fut au corps de garde, la nuit
qui précéda sa réception, qu'il écrivit son discours, essai
d'une rédaction beaucoup trop rapide sans doute, mais où
l'on remarque un esprit d'un ordre élevé, et ce besoin
de toucher aux grandes questions, qui est la première audace
du génie.

Il était arrivé au grade de capitaine, et chaque jour ajoutait à son ardeur pour la botanique : des relations liées
avec MM. de Jussieu et de Lamarck lui avaient appris que
lui aussi était botaniste. Il commençait, enfin, à sentir ses
forces. Alors, se réveilla, en lui, la passion des voyages.

Tout ce qui l'entourait, d'ailleurs, semblait conspirer pour rendre cette passion plus vive.

Dans ce colombier chéri, où six frères et sœurs, orphelins peu fortunés, mais riches d'affection les uns pour les autres, se réunissaient, chaque année, pour retrouver les joies et les épanchements de la famille, bien des prouesses avaient été rêvées, bien des campagnes sur mer s'étaient merveilleusement exécutées. Au lieu de châteaux en Espagne, on faisait des voyages lointains. Aristide, qui, déjà, s'était distingué dans la guerre d'Amérique, venait, entre chaque croisière, exalter toutes ces jeunes et ardentes imaginations.

On était à ce moment où le sort du malheureux La Pérouse occupait la nation entière. Aristide conçut le projet d'armer un navire pour faire le tour du monde à la recherche de ce brave marin.

En apprenant la résolution de son frère, Aubert lui écrivit : « Je quitte tout, je me joins à toi : tu seras le Cook ou le Bougainville de l'expédition, j'en serai le Commerson ou le Banks. »

Mais ce voyage, ce navire, cette glorieuse recherche, tout cela exigeait des frais énormes. Aubert et Aristide Du-Petit-Thouars proposèrent une souscription nationale. Louis XVI s'inscrivit, le premier, pour une somme de dix mille francs : pieux engagement que l'infortuné monarque ne put remplir. Les souscriptions manquèrent, les difficultés se multiplièrent. Ne comptant plus alors que sur eux seuls, les deux frères réunissent leur patrimoine et le sacrifient tout entier dans les frais d'armement... Enfin, s'ouvrait donc, pour eux, cette carrière de péril et de gloire qu'ils avaient si souvent rêvée! Aristide était le chef d'une noble entreprise; Aubert allait voyager avec son frère, voyager pour la science, indépendant et dévoué.

Ils quittèrent Paris au mois de juillet 1792, pour se rendre à Brest, où ils devaient s'embarquer.

Ils voyageaient en poste. Aubert, qui goûtait peu cette façon d'aller, si contraire à ses habitudes, descendit bientôt de voiture; et, reprenant son bâton et sa boîte de fer-blanc, il se mit à herboriser.

A peine avait-il fait quelques lieues qu'il est rencontré par un peloton de jeunes volontaires. Son costume singulier les étonne. Les imaginations exaltées voyaient alors des suspects partout. On l'arrête; on le conduit en prison dans une petite ville voisine. Enfin, au bout de trois jours il est relâché.

Mais ce retard l'avait irrité. Le civisme des autorités locales lui avait paru excessif. Il écrit une lettre dans laquelle il tourne ces autorités en ridicule; et, suivant jusqu'au bout son humeur railleuse, il met l'épître à la poste. Les résultats de son imprudence ne tardèrent pas à se faire sentir. En arrivant à Brest, il est arrêté de nouveau; et cette fois, après six semaines passées en prison, il est traduit devant le jury de Quimper.

A cette époque, une pareille folie pouvait lui coûter la vie. Sa famille, qui l'aimait tendrement, était dans la plus cruelle inquiétude. Pour lui, il paraît devant le jury, subit un long interrogatoire, est reconduit en prison. On vient bientôt le chercher pour le ramener devant ses juges; mais la cellule est vide; le geôlier va crier à l'évasion, lorsqu'il aperçoit

son captif perché sur une lucarne, et très-sérieusement oc-
cupé, la loupe en main, à examiner quelques mousses. On
fut obligé de lui rappeler qu'il s'agissait de sa vie ; et on
l'emmena, presque sans qu'il y songeât, entendre le prononcé d'un jugement qui lui rendait sa liberté.

Malheureusement, les conséquences de sa folle imprudence
ne devaient pas s'arrêter là.

Aristide, devenu, par cela même, l'objet d'absurdes dé-
nonciations, avait été forcé de gagner la pleine mer ; il était
parti en indiquant à son frère l'Ile de France pour rendez-
vous.

Aubert s'embarque aussitôt, lui dixième, sur un bâtiment
beaucoup trop petit pour un aussi long voyage. Obligé de
relâcher pendant cinq jours à l'île déserte de Tristan d'Acu-
gna, il y trouve une végétation vierge, et qui, très-probable-
ment, n'aurait jamais eu l'honneur d'une Flore particulière
sans l'enthousiasme, toujours si prompt, de notre naturaliste.
Le cinquième jour, il oublie de se rapprocher assez tôt du
rivage, il s'égare dans l'obscurité, et passe une nuit entière
sur ce rocher, pouvant craindre un abandon involontaire.
Son imagination lui présente alors une vie qui, pour lui,
n'eût pas été sans charme, mais qui ne fut heureusement
qu'un rêve. On l'avait attendu.

Un séjour de quelques semaines au cap de Bonne-
Espérance fut l'occasion de nouvelles et abondantes récoltes. Enfin, après six mois de traversée, il arrive à l'Ile
de France.

Aristide ne s'y trouvait pas; mais ce n'était là, sans doute
qu'un retard : Aubert se résigna donc et attendit.

Arrivé sans argent, sans amis, sans crédit, il fut reçu pa
les créoles avec une bonté simple qui lui rendit sa vie nomad
douce et facile. Vêtu d'un habit de toile de coton, pieds nus
un bâton à la main, un herbier sur le dos, véritable cheva
lier errant de la botanique dans ces campagnes rendue
célèbres par le chantre de Paul et de Virginie, il parcouru
l'île en tous sens, s'occupant avec passion d'en recueillir l
flore, et passant des journées entières délicieusement absorb
dans ses études chéries.

Dans ce pays hospitalier, que tant de liens unissaient alor
à la France, chaque case s'ouvrit pour notre voyageur; il
trouvait le vivre et le couvert : aussi ne prit-il jamais le souc
de songer à son domicile. Chaque soir il s'abritait sous l
dernier toit qu'il rencontrait; son esprit naturel, ses ma
nières franches, le faisaient admettre au foyer de la famille
bientôt on souhaitait de le voir retenu dans le voisinage pa
de longues explorations ; partout il se faisait des amis, e
cette pauvreté insoucieuse, cette vie indépendante, toujour
occupée, quoique toujours oisive, ce mélange de rêverie, d
loisir, d'étude, tout cela se trouvait merveilleusement e
rapport avec son humeur capricieuse et libre.

L'indépendance dont il jouissait avec tant de charme, i
l'étendait jusque sur ses travaux. Il se créait une nomencla
ture particulière, d'après des vues nouvelles et très-métho
diques. Il écrivait à M. de Lamarck, en lui parlant de
noms de plusieurs genres de plantes : « J'ai refondu tous ce
genres ensemble, et j'ai forgé des noms pour tous. Je sai

combien cette matière est difficile à toucher ; mais tant que
je serai dans ces îles, je n'aurai pas de contradicteurs, for-
mant à moi seul la société littéraire, l'Académie, et même
l'Institut entier. De ce côté, j'en agis souverainement, sûr
que personne n'y pourra redire, et quitte à me réformer,
si je reviens jamais dans le pays des sciences. »

Après deux ans de séjour, il trouve une occasion de passer
à Madagascar ; et là, pendant six mois, il étudie cette île si
curieuse et si peu connue, singulière en tout, et que l'ingé-
nieux Commerson appelait la *terre promise* des naturalistes.

De retour à l'Ile de France, instruit, par un renseigne-
ment indirect, du sort d'Aristide, il lui écrit : « Enfin, je sais
que tu es en Amérique, mais j'ignore quels événements t'y
ont conduit. Pour moi, jeté sur cette terre, sans ressources,
l'amitié et une franche hospitalité sont venues au-devant
de mes besoins ; il eût été au-dessus de mon industrie d'y
pourvoir. »

En parlant de Madagascar, il dit : « Après six mois de séjour,
je suis parti léger d'argent (contre la coutume), mais en re-
vanche, riche en plantes curieuses. On est étonné que j'aie
bravé l'intempérie d'un semblable climat pour de telles
choses. Ils ne peuvent croire que l'ambition d'un botaniste
soit aussi grande que celle d'Alexandre *et que la tienne.*
L'un n'aurait pas voulu laisser de royaume qui n'eût ressenti
l'effet de sa domination ; l'autre aurait voulu que son vaisseau n'eût pas laissé un coin de terre inconnu ; et moi je
ne voudrais pas qu'il restât dans l'endroit le plus ignoré un
seul brin d'herbe auquel je n'eusse donné un nom. Lequel
des trois est le plus raisonnable ? »

Tout le temps qui s'était écoulé depuis la séparation des deux frères, n'avait été, pour Aristide, qu'une suite de malheurs.

Une maladie violente avait décimé son équipage ; il avait perdu son vaisseau ; lui-même n'était parvenu qu'à travers mille périls à gagner l'Amérique. Ces désastres changeaient tout l'avenir de notre botaniste ; plus de grands projets, plus de voyage autour du monde ! Les deux frères étaient ruinés, séparés l'un de l'autre, sans moyens de se réunir. Aubert voulut du moins compléter les travaux qu'il avait entrepris. L'île Bourbon, par ses rapports avec l'Ile de France, lui offrait un vif intérêt : il résolut de s'y rendre.

Il y passa trois ans et demi, livré à des études profondes ; mais c'est là qu'il devait être frappé du coup le plus rude qui pût l'atteindre.

Aristide Du-Petit-Thouars n'avait point failli aux nobles promesses de ses jeunes années ; son nom était à jamais inscrit parmi ceux dont la patrie s'honore.

Rentré dans la marine en 1797, il commandait le vaisseau *le Tonnant,* à la bataille d'Aboukir. Il avait, d'abord, proposé de combattre sous voile. Cet avis ne fut point suivi. L'action engagée, il pénétra le plan de l'attaque ; et, par une manœuvre hardie, il suspendit un moment la victoire.

Dans cette journée fatale, où l'horreur d'un incendie qui consumait notre flotte, ne fit reculer d'effroi que l'ennemi, la résistance du *Tonnant* fut sublime. On ne peut rappeler, sans une admiration douloureuse, tant de malheur et de gloire. Aristide Du-Petit-Thouars a les deux bras mutilés, un boulet lui emporte les deux jambes : tant que son âme peut se faire entendre de ses soldats , il les enflamme d'un courage intrépide ; et ses dernières paroles sont ce cri héroïque : *Braves marins , ne vous rendez jamais !*

Ses *braves marins* étaient dignes de lui. Cinq heures après la mort de leur chef, l'ennemi, trompé par la constance du combat et de l'héroïsme, criait encore, en s'adressant au *Tonnant : Bravè Du-Petit-Thouars, rends-toi !*

Aubert Du-Petit-Thouars était fait pour comprendre tout ce qu'une telle mort laissait après elle de consolations. Son cœur se gonfla d'un noble et juste orgueil. Frère d'un héros, il sentit le besoin de revoir cette patrie, qui lui coûtait si cher. Sa famille ayant obtenu son passage sur un bâtiment de l'État, il mit ses collections en ordre, partit, et vint débarquer à Rochefort le 2 septembre 1802.

Il avait adressé, pendant son absence, plusieurs mémoires à l'Institut. Il revenait, chargé de matériaux laborieusement conquis. Dans sa candeur naïve et chevaleresque, il s'attendait à voir tous les yeux fixés sur lui. Son retour, pensait-il, serait un événement heureux pour les sciences ; toutes les portes lui seraient ouvertes ; il n'aurait qu'à publier ses travaux : que d'illusions il devait perdre !

A peine eut-il touché le sol , que ses nombreuses caisses, remplies de ses chères récoltes, furent arrêtées faute d'argent. Dix ans d'absence lui avaient fait oublier toutes les tristes réalités, auxquelles on ne peut échapper en France comme aux îles australes.

Après avoir bravé pour la science des périls de tout genre, il venait lui demander une part de renommée qu'il voulait, qu'il croyait mériter grande, et des moyens d'existence que la simplicité de ses goûts ne lui faisait désirer que bien modestes. Il fut longtemps sans rien obtenir.

Enfin, en 1807, la place de directeur de la pépinière du Roule vint à vaquer. Il écrivit à M. de Champagny, ministre de l'intérieur, pour la demander ; et, quarante-huit heures après sa demande, il avait sa nomination. M. de Champagny s'était souvenu d'Aristide, son ami, son ancien compagnon, d'armes dans la marine.

M. Du-Petit-Thouars put commencer dès lors à publier ses nombreux travaux, fruits de dix ans d'études isolées, mais ardentes.

Ces travaux ont été l'une des premières applications de la vraie méthode à la botanique ; et par cela même ils méritent toute l'attention des naturalistes.

Laurent de Jussieu venait de publier son immortel ouvrage sur les *Familles des plantes.*

La méthode qui n'avait été, pendant trop longtemps, que l'art de distinguer les êtres, devenait enfin l'art de les associer.

Une lumière nouvelle se répandait sur les sciences naturelles, et, par ces sciences, jusque sur la philosophie ellemême ; car c'est aux sciences naturelles que la philosophie devra la méthode.

Lorsque Bernard et Laurent de Jussieu, lorsque Georges Cuvier, trouvaient cet art profond des rapports et des caractères que nous nommons la *méthode,* ils ne trouvaient pas seulement l'art de classer les plantes ou les animaux, ils trouvaient l'art de classer ; et la méthode, la vraie méthode, n'a pas été seulement un progrès de l'histoire naturelle, elle a été un progrès de l'esprit humain.

M. Du-Petit-Thouars publia d'abord ses *Genres de Madagascar*, et bientôt après ses *Plantes des îles australes d'Afrique*.

Il règne dans ces deux ouvrages, particulièrement dans le second, une imagination vive mais juste, une sagacité rare, et ce tact heureux qui n'est que le sentiment prompt des rapports des choses.

Fontenelle a dit de Malebranche qu'il était cartésien, mais comme Descartes. On peut dire de M. Du-Petit-Thouars qu'il applique la méthode naturelle comme les Jussieu.

Le bel ouvrage sur *les Plantes australes d'Afrique* est resté inachevé, et la science doit le regretter sans doute ; mais la mémoire de l'auteur y perdra peu, car cet ouvrage est resté modèle.

L'imagination mobile de M. Du-Petit-Thouars ne lui permettait guère de s'occuper longtemps du même sujet. Ses idées l'emportaient. Il quitta le travail savant dont je viens de parler, pour un travail d'un tout autre genre, et la botanique proprement dite pour la physiologie végétale.

La botanique a commencé par étudier les rapports des plantes ; et cette étude lui a donné la méthode. Elle a cherché ensuite à déterminer, par l'expérience, les forces propres qui animent le règne végétal ; et cette étude lui a donné la physiologie.

Vers la fin du XVIIe siècle, deux hommes de génie, Malpighi et Grew, portèrent l'anatomie dans la botanique. Dans le siècle suivant, Hales, Duhamel, Linné, Bonnet, joignirent la physiologie végétale à l'anatomie des plantes.

Ce fut un champ nouveau ouvert aux grandes recherches.

Hales fit connaître les forces qui agissent dans le végétal, et par le végétal sur les corps extérieurs, particulièrement sur l'air; Bonnet, l'usage des feuilles; Linné, les sexes des plantes; Duhamel ne laissa presqu'aucun phénomène de la vie végétale sans le soumettre à l'expérience.

On se fit enfin des idées plus justes de cette vie des plantes, en apparence si simple, au fond si compliquée; on vit que les plantes ont, comme les animaux, leurs fonctions subordonnées, leurs phénomènes successifs, leurs forces distinctes; plus on pénétra dans leur structure, plus on y découvrit de rapports suivis, de fins prévues, et, pour dire tout en un seul mot, de traces marquées de ce grand dessein qui a présidé à tout et que tout révèle.

D'ailleurs, les ouvrages mêmes dans lesquels ces belles découvertes étaient exposées, ces ouvrages sont des chefs-d'œuvre.

C'est là, c'est dans ces écrits immortels qu'il faut étudier sans cesse tous les secrets et toutes les ressources de l'art des expériences.

C'est là qu'on voit bien, et cet art profond de décomposer les phénomènes en leurs circonstances les plus simples, que nous apprit Galilée, et cette méthode savante de remonter des effets aux causes, des faits aux lois, qui fut celle du grand Newton.

Les anciens ont fait trop peu d'expériences. Aujourd'hui

on en fait beaucoup. Mais l'art des expériences n'est pas dans le nombre des expériences.

Il est un art de les raisonner, de les combiner, de les varier, de les multiplier à propos, d'en faire peu d'inutiles, et pour cela de n'en faire que de décisives; et cet art délicat, profond, cette force nouvelle de la pensée, ce grand art ne sera jamais, dans chaque siècle, que le partage heureux de quelques esprits d'élite.

Entre tous les phénomènes dont l'ensemble constitue la vie des plantes, il en est deux surtout qui se font remarquer, et par leur importance propre, et par l'importance des travaux dont ils ont été l'objet. L'un est le phénomène de la fécondation des plantes; l'autre est celui du développement des arbres.

La fécondation du palmier a été connue des anciens, qui n'y virent qu'un fait particulier. Le fait général de la fécondation des plantes commence à être aperçu dans le XVIIe siècle, par Millington, par Bobart, par Grew, par Ray. En 1702, Burckhard, dans une lettre adressée à Leibnitz, proposait déjà de fonder la classification du règne végétal sur les étamines et les pistils. En 1717, Vaillant marque nettement l'usage précis de chaque partie de la fleur dans la génération. Enfin, en 1760, Linné démontre la fécondation des plantes par des expériences aussi claires que sûres, et donne à la physiologie végétale son plus grand fait.

La question du développement des arbres a marché beaucoup moins vite.

On sait depuis longtemps, surtout depuis Duhamel, que les arbres croissent en grosseur par couches superposées.

Quand on examine le tronc d'un arbre, coupé en travers, on voit que ce tronc se compose d'un certain nombre de cercles concentriques. Chaque cercle est le résultat de l'accroissement d'une année. Le nombre de ces cercles représente donc l'âge de l'arbre.

Dans la grande étude de la nature, les faits les plus simples touchent aux conséquences les plus merveilleuses.

On a compté le nombre des couches sur plusieurs arbres; et l'on n'a pu voir sans surprise qu'il est des arbres qui sont nos contemporains, et qui, peut-être, l'ont été des premiers commencements de la période actuelle du monde.

M. de Candolle a vu des tilleuls, des chênes qui avaient jusqu'à deux, jusqu'à trois mille ans d'existence.

Adanson a vu, au Sénégal, un arbre gigantesque, le boabab, qui en avait près de six mille.

De nos jours, quelques philosophes ont cru pouvoir ramener l'ancienne opinion de la transformation des espèces. Assurément, jamais hypothèse ne fut plus complétement démentie par les faits. Depuis le dernier déluge, c'est-à-dire, à compter avec M. Cuvier, depuis à peu près six mille ans, aucune espèce n'a changé. Toutes sont restées immuables; et ce ne sont pas seulement les espèces qui, depuis lors, se conservent, les individus eux-mêmes, du moins certains individus, ont pu subsister et subsistent: le boabab d'Adanson date peut-être de la dernière catastrophe du globe.

Les arbres croissent donc par couches superposées et concentriques. Là est le fait certain. Mais quel est le mécanisme de ce fait ? Ici commence le doute.

Malpighi dit que l'arbre grossit, chaque année, parce que, chaque année, les couches les plus intérieures de l'écorce se transforment en bois. Grew le dit aussi ; et les expériences de Duhamel semblaient avoir confirmé cette opinion, qui régnait ainsi depuis plus d'un siècle, lorsque M. Du-Petit-Thouars en proposa une autre très-différente.

Une bouture de *dracæna*, qu'il trouve par hasard, lui suggère une vue ; et cette vue, suivie avec génie, lui a donné une théorie toute nouvelle.

L'idée principale de M. Du-Petit-Thouars consiste à regarder les fibres ligneuses de chaque couche annuelle comme formées par les bourgeons. Selon lui, chaque bourgeon est un petit arbre qui se développe sur le grand ; chaque bourgeon a ses racines ; et ce sont ces racines qui, en descendant, enveloppent le tronc d'une couche nouvelle de bois.

La théorie de M. Du-Petit-Thouars renverse toutes les idées reçues.

On avait toujours supposé que l'accroissement de l'arbre en grosseur se faisait dans le sens horizontal : M. Du-Petit-Thouars veut qu'il se fasse dans le sens vertical.

Jusqu'à lui, le végétal, l'arbre, était considéré comme un individu unique : selon lui, l'arbre n'est plus qu'une collection d'individus ; c'est le bourgeon qui est l'individu même.

On avait cru, dans ces derniers temps, pouvoir admettre deux modes de développement distincts, l'un pour les arbres à un seul cotylédon, l'autre pour les dicotylédones : M. Du-Petit-Thouars ramène le développement de tous les arbres à un seul mode, à une loi commune.

Et ces idées si neuves, ces idées si contraires à toutes les opinions admises, il les appuie, d'abord, sur la structure même du *dracœna,* où, en effet, la marche descendante des fibres, depuis le bourgeon jusqu'aux racines, paraît évidente.

Il les appuie, d'un autre côté, sur une expérience fort simple et fort connue. Lorsqu'on enlève un anneau d'écorce sur le tronc d'un arbre, l'arbre grossit au-dessus, et ne grossit pas au-dessous. La matière qui grossit l'arbre descend donc et ne monte pas.

Il les appuie, enfin, sur l'analogie. En effet, l'arbre a commencé par croître dans la graine, comme, selon les idées nouvelles, chaque bourgeon croît ensuite sur l'arbre lui-même. Un seul mécanisme, toujours répété, donne donc toutes les phases de l'accroissement des arbres ; une seule loi règne ; et, considérée de ce point de vue, la théorie de M. Du-Petit-Thouars, la théorie du développement par générations renouvelées, prend un caractère de grandeur qu'on ne saurait nier.

Au reste, en m'exprimant ainsi, je suis loin de vouloir sortir de mon rôle de simple rapporteur. Je ne prétends pas décider une question sur laquelle plus d'un grand maître hésite encore. Je suis historien, je ne prononce pas, j'expose, et je n'oublie pas que le premier historien de l'Académie, Fontenelle, avait pris pour devise cette maxime, qu'une grande partie de la sagesse est de ne pas juger.

J'irai plus loin : j'avouerai que M. Du-Petit-Thouars n'a pas entouré sa théorie de preuves assez fortes : il n'a pas fait assez d'expériences ; il ne les a pas suivies.

Peut-être même n'avait-il pas le tour d'esprit qu'il fallait pour donner à une vérité, soudainement saisie, l'autorité d'une vérité démontrée.

Ce qui l'entraînait surtout, c'était le plaisir de la méditation, de la conjecture : il commençait beaucoup et finissait peu ; il a manqué de suite et d'ordre ; mais il a eu des idées, des vues, des conceptions brillantes, de beaux éclairs.

C'est là ce qui fait le caractère de son génie. Partout, dans ses *Plantes des îles australes d'Afrique,* dans ses *Essais sur la végétation,* jusque dans ses brochures les plus rapidement écrites, on trouve le cachet d'une originalité vive et heureuse. Il pense et il fait penser.

M. Du-Petit-Thouars a eu le privilége, en tout genre si rare, de donner aux esprits une impulsion nouvelle ; il a laissé à la botanique proprement dite des ouvrages d'un ordre supérieur, à la physiologie végétale une vue qui semble devoir en changer la face ; et son nom, son beau nom, sera toujours prononcé avec éclat dans l'histoire d'une époque marquée par les grands noms de Laurent de Jussieu et de de Candolle.

Sa théorie mise au jour, M. Du-Petit-Thouars, toujours confiant, s'attendait à voir aussitôt l'attention générale fixée sur elle. Trop peu maître de lui pour s'en rapporter au temps, il demandait partout des juges, et même des adversaires. En Angleterre, il écrivait à Banks ; en Allemagne, il s'adressait à Sprengel, et lui disait : « J'ai tellement le sen-

« timent de l'évidence sur les principes que j'ai posés, que je
« me regarderais comme un visionnaire si l'on venait à me
« montrer que je me suis trompé ». Il ajoutait avec douleur :
« J'ai beau provoquer, personne ne me répond. »

Enfin, les contradicteurs arrivèrent.

On commença par faire remarquer, dans un mémoire de
La Hire, quelques phrases, en effet très-belles, sur l'idée pro-
fonde du développement par générations renouvelées.

M. Du-Petit-Thouars avait donc été prévenu. Faut-il l'en
plaindre? assurément non. Quand il s'agit d'une théorie
aussi hardie que la sienne, on peut facilement prendre son
parti de s'être rencontré avec un homme tel que La Hire,
d'un esprit universel et partout juste.

Ceci n'était que le prélude. Une fois le débat commencé,
on passa bientôt au fond des choses. On multiplia les objections, il multiplia les réponses. Cet état de guerre plaisait
singulièrement à M. Du-Petit-Thouars. Il avait coutume de
dire qu'il marchait toujours les armes à la main. Ce qu'il appelait ses armes consistait en de petits morceaux de bois,
disposés de manière à prouver toute la suite de ses idées, et
dont, à l'occasion, il ne manquait jamais, en effet, de remplir
ses poches.

Au reste, quelque passionnée que fût la discussion, il y
conservait toujours cette loyauté parfaite, cette bonne foi
innée qui faisaient le fond de son caractère. Jamais un sentiment d'aigreur n'altéra ses jugements sur les autres. Rendu
au calme, il parlait simplement de ses propres travaux, et
même de cette théorie, qui fut cependant sa plus chère

espérance de gloire. « Le hasard, disait-il, a mis entre mes
« mains un fil qui m'a conduit par des routes nouvelles : je
« les ai aperçues, c'est à d'autres qu'il appartiendra de les
« parcourir. »

Un botaniste portugais qui, dans quelques pages échap-
pées à sa plume, a laissé un monument durable de son génie,
M. Correa de Serra, le peignait par ce mot charmant : « C'est
« une âme innocente qui traverse la vie. »

Je n'ai raconté jusqu'ici que les travaux du naturaliste. Je
ne dois pas oublier ceux de l'érudit; car M. Du-Petit-Thouars
a été un érudit dans toute la force du terme. Il ne savait pas
seulement l'histoire des idées; il savait celle des livres, et
jusqu'à celle des gravures qui, dans les livres les plus origi-
naux, ne sont pas toujours originales. Ses biographies des
botanistes célèbres sont remarquables par un savoir profond,
et, ce qui est beaucoup plus, par la critique saine d'un esprit
excellent et supérieur.

Dans sa passion pour la botanique, il crut devoir tenter
tous les moyens de lui être utile. Il voulut essayer de
l'enseignement. Il ouvrit donc un cours, et il raconte lui-
même, avec une spirituelle bonhomie, comment il fut conduit à imprimer ses leçons.

« Voyant, dit-il, le moment favorable arrivé, je me déter-
minai à publier une simple annonce; je sentais bien que je
n'avais pas fait les démarches nécessaires pour avoir beaucoup d'auditeurs, en sorte que je ne fus pas très-étonné de
n'en trouver qu'un seul. Un petit nombre m'eût embarrassé,
mais si j'en avais rencontré vingt seulement, j'aurais été

pleinement satisfait, car j'aurais eu l'espoir de voir quelques personnes prendre une idée juste de mes recherches sur la végétation. »

Cette simplicité, en parlant de lui-même, n'ôtait point à M. Du-Petit-Thouars la conscience de sa supériorité; mais il savait qu'il est des succès auxquels toutes les natures, tous les esprits ne sauraient prétendre.

En 1820, le profond botaniste Richard, en présentant M. Du - Petit - Thouars à l'Académie, s'exprimait ainsi : « Je ne m'arrêterai pas à discuter des travaux qui vous sont connus; je viens, messieurs, réclamer au milieu de vous la place d'un homme de génie. »

M. Du-Petit-Thouars fut nommé. Il eut alors tout ce qu'il avait désiré : une grande réputation conquise par ses travaux, le plus beau titre que puissent donner les sciences, et, ce qu'il ne faut pas oublier, une existence aussi libre que simple.

Il s'était créé dans sa pépinière une véritable case, où il vivait en colon au milieu de Paris. Là, tout le charmait; il y passait des méditations aux expériences. Il se trouvait si bien qu'il écrivait à un savant étranger : « Je ne pouvais « rencontrer une place qui me convînt mieux : j'ai des ap- « pointements modiques, mais suffisants; je suis entouré de « plantes que je traite comme bon me semble. *Que faut-il* « *davantage?* »

Ce bonheur ne devait pas durer. En 1827, la pépinière du Roule fut supprimée. Peut-être cet établissement n'avait-il plus alors la même utilité qu'il avait eue pendant près d'un siècle; peut-être aussi que l'intérêt de l'agriculture, de ce grand art à l'abri duquel tous les autres vivent, aurait pu le faire respecter. Quoi qu'il en soit, M. Du-Petit-Thouars eut beau réclamer, protester, en appeler au roi, aux chambres, à l'opinion publique. Tout fut inutile. Il en conçut un chagrin si vif que sa santé s'altéra; et bientôt cette vie, si agitée, si tourmentée du moins à la surface, au fond si calme, s'éteignit.

De ses douces affections de l'enfance, une sœur lui était restée : elle avait été, pendant ses longues années d'exil, le lien qui le rattachait à la patrie ; elle avait préparé son retour en France ; compagne fidèle, elle partagea, dès lors, toutes ses peines, toutes ses joies ; et aujourd'hui encore, toujours dévouée à la mémoire de deux frères qui lui furent si chers, c'est le soin, c'est le culte de leur gloire qui animent et soutiennent sa vie.

Le 12 mai 1831, Aubert Du-Petit-Thouars mourut. Il avait vécu isolé, presque pauvre : rien ne semblait devoir troubler le silence de sa retraite. Cependant, des larmes ne tardèrent pas à révéler quelle avait été sa plus douce, sa plus secrète occupation. Des malheureux venaient pleurer leur bienfaiteur. Dans un cœur aussi naturellement généreux, le plaisir des bonnes actions avait dû l'emporter bientôt sur le plaisir même des succès et des découvertes.

Il est, dans la vie de l'homme, un âge pour l'ambition de l'esprit. L'esprit veut alors tout pénétrer, tout comprendre.

Mais, plus l'esprit s'élève, plus l'âme devient sensible. Plus on a fait d'efforts pour se rendre digne d'éclairer les hommes, plus on goûte le bonheur de leur être utile.

A la fin d'une longue carrière, et la plus brillante par les travaux de l'esprit qui ait jamais été, Voltaire, le grand Voltaire, disait :

« J'ai fait un peu de bien, c'est mon meilleur ouvrage. »

NOTES.

Page 4. *Il s'appliqua, d'abord, aux mathématiques avec succès.*

On trouve des traces de cette première étude dans plusieurs de ses écrits, particulièrement dans son *Essai* sur la *distribution des nervures dans les feuilles du Marronnier d'Inde.*

C'est là que je lis cette phrase remarquable : « Il résulterait de ces véri-« tés toujours justifiées par les faits, qu'il y a dans la nature une géomé-« trie très-profonde et très-haute, qu'il nous importe d'autant plus de pé-« nétrer, que ce n'est qu'autant que nous y aurons fait des progrès, que nous « pourrons nous flatter d'être sur la route qui conduit à la révélation de « ses mystères. »

Voyez encore son mémoire sur ces deux propositions : *L'arithmétique de la nature est toujours conforme à sa géométrie ; — La nature a plus de propension à employer le nombre cinq que tout autre, etc.*

Page 4... *Essai d'une rédaction beaucoup trop rapide sans doute.....*

C'est sa *Dissertation sur l'enchaînement des êtres.* Lille, 1788.

Page 8... *Il se créait une nomenclature particulière, d'après des vues nou-velles et très-méthodiques.*

Dans cette nomenclature nouvelle des deux familles qu'il avait le plus étudiées, les *Orchidées* et les *Fougères,* tous les noms se terminaient, pour la première en *Orchis,* et pour la seconde en *Filix.*

4

Voici comment il rend compte lui-même des vues qui l'avaient guidé (1) :

« Profitant (on sent, dès ce premier mot, que c'est lui qui parle) de la « circonstance où il se trouvait, celle d'être privé de toute communica-« tion avec ceux qui s'occupaient des sciences, il abandonna tous les sen-« tiers battus jusqu'alors, et dressa un tableau synoptique dans lequel il « rangea toutes ses espèces. Il ne consulta pour ce travail que la nature. Il « en résulta trois divisions primaires, ou sections, et vingt et une secondai-« res, ou genres. Il désigna d'abord ces groupes par des lettres disposées dans « l'ordre alphabétique ; mais il fallait leur donner des noms plus distincts. « Pour cela, réfléchissant que la famille (il s'agit ici de la famille des *Or-« chidées*) dont ces plantes faisaient partie, était tellement circonscrite, « qu'il n'y avait pas d'apparence qu'elle se mêlât avec d'autres, il jugea « qu'il pouvait être avantageux que les noms qu'il imaginerait fussent tels, « qu'ils pussent tout de suite rappeler cette famille ; ce fut en leur donnant « la même terminaison, celle d'*Orchis*. Un premier membre, significatif ou « non, distinguait ces noms entre eux. Il avait déjà suivi le même procédé « dans un travail très-étendu sur la famille des fougères. Pour les espèces, « il suivit une marche uniforme ; il leur donna pour finale la première « partie du nom générique, avec la terminaison en *is*, et pour caractéris-« tique, un premier membre également significatif ou non. Cette nomen-« clature était calquée sur celle adoptée par l'École chimique française... »

« Est-il utile, disaient à cette occasion les commissaires chargés par « l'Académie d'examiner les travaux de M. Du-Petit-Thouars, de répéter « ainsi le nom de la famille, chaque fois qu'on prononce ou qu'on lit celui « de ses genres ? Nous trouvons plus d'inconvénients que d'avantages à « adopter une telle nomenclature.... »

Ils avaient raison. La nomenclature de M. Du-Petit-Thouars n'en est pas moins un essai très-ingénieux et qu'il faut conserver, car c'est une preuve nouvelle, et très-curieuse, de tout ce qu'il y avait de ressources dans cette imagination si libre et si vive. Au fond, les mots ne sont que des mots ; tout

---

(1) Le passage qui suit est tiré d'un *Extrait*, rédigé par lui, sur lui-même, pour le *Bulletin de la Soc. Philom.*

(27)

le problème est de trouver la combinaison de ces mots la plus commode
pour chaque science. Or, aujourd'hui l'expérience en est faite : la nomenclature à *mots composés* est la plus commode en chimie, et la nomenclature à *deux mots*, la *nomenclature binaire*, est la plus commode en
botanique, en zoologie.

PAGE 13. *Il applique la méthode naturelle comme les Jussieu.*

Le livre de Laurent de Jussieu, ce livre que nous admirons, chaque jour,
davantage, parce que, chaque jour, nous l'étudions mieux, était le seul
qu'il eût emporté avec lui.

D'un côté ce livre, de l'autre la nature, ses idées, en fait de méthode,
pouvaient-elles manquer d'être aussi profondes que vraies ?

PAGE 16. *Le boabab d'Adanson date peut-être de la dernière catastrophe
du globe.*

M. de Candolle regarde la durée de la vie des arbres comme étant à peu
près indéfinie.

« Tant qu'on n'avait eu, dit-il, que le chiffre du boabab donné par
« Adanson, on avait été forcé de le regarder comme une erreur ou comme
« une exception. Le tableau précédent (tableau où se trouvent réunis plu-
« sieurs exemples d'arbres devenus très-vieux) prouvera qu'il rentre dans
« les lois générales de la végétation, et fixera l'attention sur ce phénomène
« de l'extraordinaire longévité et de la durée comme indéfinie dont cer-
« tains végétaux sont susceptibles. » *Physiologie végétale*, t. II, p. 1007.

PAGE 17. *Grew le dit aussi.*

J'adopte ici, relativement à Grew, l'opinion commune, particulièrement
celle de Duhamel (*Physique des arbres*, t. II, p. 24). La vérité est, cependant, que Grew ne s'exprime pas d'une manière bien claire. On ne

4.

voit pas bien ce qu'il pense, et si, dans son opinion, la nouvelle couche
vient du bois ou si elle vient de l'écorce.

PAGE 18. *Lorsqu'on enlève un anneau d'écorce sur le tronc d'un arbre,
l'arbre grossit au-dessus et ne grossit pas au-dessous.*

Si ceci était constant, la question serait résolue, et le serait dans le sens
de M. Du-Petit-Thouars. Mais l'arbre grossit quelquefois *au-dessous*, quoique toujours beaucoup moins qu'*au-dessus*.

N'y a-t-il là, comme le croit M. de Candolle (*Organographie végétale*,
t. I, p. 206), qu'une simple différence d'épaisseur dans les couches ? Y
a-t-il au contraire, comme le veut M. Du-Petit-Thouars, différence de nature entre les deux couches ? L'inférieure manque-t-elle de fibres ligneuses ?..... Toute cette matière, beaucoup plus compliquée qu'il ne semble
au premier aspect, demande des expériences nouvelles.

PAGE 18... *Sur laquelle plus d'un grand maître hésite encore.*

Voyez le beau mémoire de M. de Mirbel sur le développement des *végétaux monocotylés.* (*Comptes rendus des séances de l'Académie des sciences*,
t. XVI, p. 1213.)

PAGE 19. *Il n'a pas fait assez d'expériences.*

Ces expériences, qu'il n'avait pas faites, le sont, de nos jours, par
M. Gaudichaud. Voyez toute la suite si remarquable des travaux qu'il pu-
blie sur ces grandes questions. (*Comptes rendus des séances de l'Académie
des sciences*, t. XVI et suiv.)

PAGE 19. *Partout..... dans ses* Essais sur la végétation, *jusque dans ses
brochures les plus rapidement écrites.*

Il a rassemblé les principales idées de toutes ses brochures, de tous ses mémoires, dans ses *Essais sur la végétation*.

Ces *Essais* sont au nombre de treize.

Les deux premiers sont les plus importants. Dans le premier (sur l'accroissement du *Dracœna*), l'auteur pose les fondements de sa théorie. Dans le second (sur l'accroissement du *Tilleul* et du *Marronnier d'Inde*), il étend sa théorie, du *Dracœna*, au *Tilleul* et au *Marronnier d'Inde*, c'est-à-dire, des *monocotylédones* aux *dicotylédones*.

L'auteur étudie successivement, dans les autres *Essais*, la germination du *lecythis*; le rôle du bourgeon dans la greffe; la formation du parenchyme par l'amidon; l'expérience de la décortication annulaire; la production et la marche de la séve; la formation du bourgeon; la distribution des nervures dans les feuilles du *Marronnier d'Inde*; les fonctions de la moelle et du liber; il y établit l'identité des tiges et des racines; il y expose ses vues sur les rapports de la végétation et du galvanisme; il y répond aux objections élevées contre sa doctrine, et particulièrement à celles que l'on tirait de la greffe, etc., etc.

Dans cette suite de brillants *Essais*, les vues abondent. Il y en a sûrement assez pour défrayer vingt ouvrages ordinaires de botanique. Là, tout est soulevé et discuté, agité du moins; mais peu de points sont éclaircis d'une manière précise, surtout complète.

Page 20... *Quelques phrases, en effet, très-belles.....*

« Je suis persuadé, dit La Hire, que chaque branche qui sort d'une autre « à son extrémité, ou de l'aisselle d'une feuille, est une nouvelle plante « semblable et de même espèce que celle où elle est, laquelle est produite par « un *œuf* qui y est attaché...

« Ce système de l'accroissement des arbres et des plantes par des généra- « tions toujours nouvelles, lequel a été avancé par de très-savants philo- « sophes, paraît bien confirmé dans les greffes en *écusson*, qui ne contien- « nent qu'un œuf de la plante ou de l'arbre. Et lorsque le germe de cet œuf « est attaché à une tige, il n'y a que la branche qui pousse en dehors; car « pour la racine, elle se confond avec la branche en poussant entre son bois

« et son écorce, ce qu'on remarque assez distinctement dans quelques
« arbres en les coupant..... »

Cette théorie de La Hire par *générations renouvelées*, est la première vue
de la théorie des *germes accumulés*, devenue si célèbre dans Buffon et dans
Bonnet. (Voyez mon *Histoire des travaux et des idées de Buffon*, chap. III,
p. 59.)

« Il est très-facile d'expliquer par ce système, dit en effet La Hire, pourquoi
« un arbre qu'on a étêté pousse une nouvelle tête composée d'une grande
« quantité de branches. Car si l'on suppose qu'il y a une infinité de petits
« œufs de la nature de l'arbre, lesquels sont dispersés de tous côtés entre
« l'écorce et le bois, et qui ne peuvent pousser et éclore que lorsqu'ils au-
« ront une suffisante quantité de nourriture, il sera facile à juger que le
« suc qui coulait avec rapidité vers les extrémités des branches avant que
« l'arbre fût coupé, étant contraint de s'arrêter à l'endroit de la taille et
« d'y séjourner...., fera éclore et pousser tous les petits germes qui y étaient
« répandus, avec assez de vigueur pour se faire jour au travers de l'écorce
« qui est épaisse et fort dure en cet endroit. » *Explication physique de la
direction verticale et naturelle des tiges des plantes*, etc. (*Mémoires de l'A-
cadémie des sciences*, an. 1708, p. 233—234.)

Page 20. *On multiplia les objections.*

Une des principales est celle qui fut tirée de la greffe. Quand on greffe un
arbre sur un autre, toutes les couches nouvelles devraient évidemment,
d'après la théorie de M. Du-Petit-Thouars, venir de la *greffe*, puisque
c'est la greffe qui fournit le bourgeon. Or en est-il ainsi ? A s'en tenir
à l'apparence, cela ne serait pas ; car les couches qui se forment sur le
sujet ont la couleur du bois du *sujet*, et celles qui se forment sur la *greffe*
la couleur du bois de la *greffe*. Mais ici, la *couleur* suffit-elle pour
décider de la *nature* du bois ? M. Du-Petit-Thouars ne le pensait pas. Voyez
aussi les nouveaux travaux, déjà cités, de M. Gaudichaud.

Page 21..... *Monument durable de son génie....*

Je veux parler du mémoire de Corréa de Serra sur la famille des *Oran-*

(3ı)

gers, mémoire qui n'a que quelques pages, mais pleines d'idées, et de ces idées arrêtées, de ces idées profondes et nettes, qui révèlent une force d'esprit bien rare.

Page 2ı. *Ses biographies des botanistes célèbres......*

Voyez les premiers volumes de la *Biographie universelle.*

PARIS. — TYPOGRAPHIE DE FIRMIN DIDOT FRÈRES,
IMPRIMEURS DE L'INSTITUT, RUE JACOB, N° 56.